二十四节气·秋

金鼎文博 / 文　瞳绘视界 / 绘

吉林大学出版社

图书在版编目（CIP）数据

二十四节气·秋 / 金鼎文博文；瞳绘视界绘 . --
长春：吉林大学出版社，2017.9
ISBN 978-7-5692-1211-2

Ⅰ.①二… Ⅱ.①金… ②瞳… Ⅲ.①二十四节气—
青少年读物 Ⅳ.① P462-49

中国版本图书馆 CIP 数据核字（2017）第 274730 号

二十四节气·秋
ERSHISI JIEQI·QIU

著　　者：金鼎文博　文　瞳绘视界　绘
策划编辑：魏丹丹
责任编辑：魏丹丹
责任校对：邹燕妮
开　　本：787mm×1092mm　1/16
字　　数：20 千字
印　　张：2.25
版　　次：2018 年 1 月第 1 版
印　　次：2018 年 1 月第 1 次印刷

出版发行：吉林大学出版社
地　　址：长春市人民大街 4059 号（130021）
　　　　　0431-89580028/29/21
　　　　　http://www.jlup.com.cn
　　　　　E-mail:jdcbs@jlu.edu.cn
印　　刷：天津泰宇印务有限公司

ISBN 978-7-5692-1211-2　　　　　定价：28.00 元

春雨惊春清谷天，
夏满芒夏暑相连。
秋处露秋寒霜降，
冬雪雪冬小大寒。

秋天是美丽的季节。秋蝉唱起最后的乐曲，大雁飞向温暖的南方，清晨的草叶上沾满了晶莹的露珠，动物开始筑造越冬的住所。微凉的秋风吹起，吹开了葵花籽，吹红了桃子，吹红了大枣，吹落了桂花……

妞妞每天都要把观察到的景物变化记录下来，看看花开花落，看看瓜熟蒂落。她跟着爷爷去收玉米，跟爸爸去摘红枣；妈妈做了中秋月饼，奶奶做了重阳糕。每一个节气，都有一个故事。

秋天到了，叶子吸收了阳光的温暖，经过了雨水的浸洗，慢慢变黄，变红。每天放学的时候，妞妞都要捡几片树叶，或者摘几朵野花，回到家，放进塑料袋里，压在厚厚的标本夹中，将花叶晾干、压平整，然后做成植物标本。

妞妞用这些植物标本，做成了漂亮的书签、贺卡、相框，送给了爸爸妈妈，还有老师和同学。

立秋

农历七月初七是七夕节，也叫乞巧节。这天，村里的女孩子都会制作自己拿手的巧饼，还要采摘新鲜的瓜果；晚上，大家围坐于院中，摆上巧饼和瓜果，仰望星空，寻找牛郎星、织女星，向天上的织女祈祷，希望自己能像织女一样心灵手巧。

立秋这天，村里有啃秋的习俗。爸爸买了个大西瓜，让妞妞切开，与家人分着吃。爸爸说，啃秋是为了迎接秋天的到来。

立秋，是二十四节气之中的第十三个节气。时间点在公历每年8月7日或8日，太阳到达黄经135度时。"秋"是禾谷成熟的意思，秋天是收获的季节。立秋是秋季的第一个节气，暑去凉来，梧桐树开始落叶，所以有"落叶知秋"的成语。不过，立秋后只是早晚天气凉爽一些，炎热天气还要持续一段时间。气象学上的秋天，平均气温要连续5天在22摄氏度以下。北京一般要9月初才会有秋风送爽。

太阳到达黄经135°

秋老虎

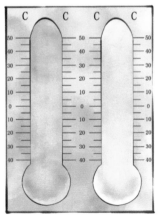

"秋后一伏，晒死老牛。"三伏的末伏在立秋之后，所以立秋后，暑气并不会马上消退，会有十余天的回热天气。天晴少雨，气候干燥，人体感觉依然闷热难耐，这段时间就叫作"秋老虎"。此时，各种农作物生长旺盛，雨水就变得非常重要，所以有"立秋雨淋淋，遍地是黄金"之说。

记下立秋这一天的气温吧。

最高气温 ___℃ 最低气温 ___℃

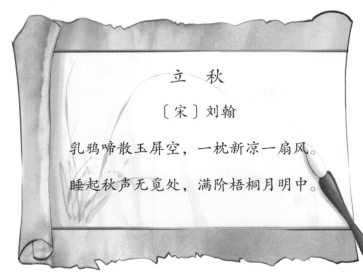

立 秋

〔宋〕刘翰

乳鸦啼散玉屏空，一枕新凉一扇风。

睡起秋声无觅处，满阶梧桐月明中。

葵花开

向日葵喜欢光照充足的环境，它的花序总是随太阳的方向而不断转动。它有圆形的花盘，花瓣呈金黄色，看起来就像个漂亮的小太阳，所以又被叫作太阳花、望日莲。向日葵的茎秆又直又高，有的可达三米；宽大的叶子不断向花盘提供养分，花盘也会越长越大，葵花籽越来越饱满，到了深秋，就能吃到香甜的瓜子啦。

立秋三候

一候凉风至，
二候白露生，
三候寒蝉鸣。

桃子熟

早春开花的桃树，已经结满了粉红的桃子。桃有很多品种，油桃果皮光滑，香甜脆口；蟠桃扁圆像磨盘，汁多甘厚；碧桃是观赏花用桃树，花朵很美，结的果子不能吃。桃子还能做成桃脯、罐头，桃仁也可以食用。

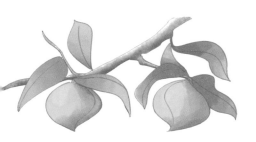

乞巧节

农历七月初七是乞巧节，也叫七夕节，传说是牛郎和织女在鹊桥相会的日子。这天少女们会制作牡丹、莲、梅、兰、菊等带花的饼馍食品，称巧饼；晚上，大家围坐于院中，摆上巧饼和瓜果，仰望星空，寻找牛郎星、织女星，祈望自己能像织女一样心灵手巧。

悬秤称人　贴秋膘

立秋这天以悬秤称人，将体重与立夏时对比，看看是否消瘦了，体重减轻叫"苦夏"。因为夏天炎热，人们胃口不好，往往都会瘦一点儿。立秋后天气凉爽，就要"补"，补的办法就是多吃肉类，"以肉贴膘"，叫作"贴秋膘"。

作物生长

"立了秋，挂锄钩。"立秋后，庄稼便不用再锄了，农作物都接近成熟。高粱出穗，大豆结荚，玉米抽雄吐丝，棉花结铃，红薯薯块迅速膨大，对水分要求都很迫切，要及时引水灌溉。

蝉的蜕化过程

1. 雄蝉用产卵管将树皮刺破，将卵产在里面。

2. 幼虫钻进土壤之后，吸食着树根汁液过日子。

3. 待几年甚至十几年，在第五次蜕皮前，钻出地面，爬上树。

4. 蜕去外壳，等翅膀变硬，就变为蝉。

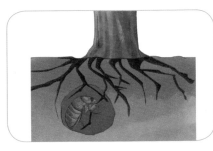
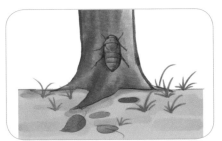

寒蝉鸣

"秋风发微凉，寒蝉鸣我侧。"天气微凉，蝉在树梢卖力地鸣叫着，随着秋风刮起，秋雨袭来，蝉的生命也就走到了尽头。在死去之前，雄蝉会刺破树皮，将卵产在树枝里，慢慢长成幼虫。秋风把它吹落到地面上之后，幼虫就立刻钻进土壤里，吸食着树根汁液，要待几年甚至十几年，经过五次蜕皮才能再次钻出地面，化为蝉。

处暑

院子里的大枣红了，妞妞忍不住爬到树上，想看看什么时候能摘枣吃。爸爸说，还要再等十来天，枣才能熟透，别着急。

农历七月十五日是中元节，民间俗称"鬼节"。这天晚上，村里人制作了好看的荷花灯，放进村边的小河里，看着河灯随水漂远，带去对逝去亲人的怀念。

处暑，是二十四节气之中的第十四个节气。时间在公历每年8月23日前后，太阳到达黄经150度时。"处"是"终止"的意思，处暑是说"夏天暑热正式终止"。此后我国长江以北地区气温逐渐下降，大风天气增多，昼夜温差大。白昼越来越短，夜晚越来越长。这个节气的民俗多与"迎秋"有关。

太阳到达黄经150°

人工降雨

处暑后北方地区多出现秋雨连绵的气象，为了保证冬春农田用水，要抓住时机展开人工增雨，做好蓄水保墒（shāng），促进玉米等秋收作物生长。南方地区正是收获中稻的时节，为免秋雨突袭，要趁着晴好天气，抢收抢晒，颗粒归仓。

记下处暑这一天的气温吧。

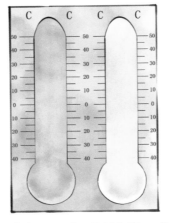

最高气温＿℃ 最低气温＿℃

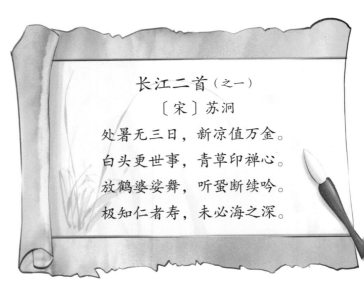

长江二首（之一）

〔宋〕苏泂

处暑无三日，新凉值万金。

白头更世事，青草印禅心。

放鹤婆娑舞，听蛩断续吟。

极知仁者寿，未必海之深。

鹰祭鸟

鹰常在白天活动，它不仅擅长翱翔于千米高空，而且长着一双千里眼，可以看到很远的地方的猎物。金秋时节，大地五谷丰登，可供鹰捕食的鸟类和动物数量很多，鹰开始大量捕猎，并把捕到的猎物摆放在地上，如同陈列祭祀，之后再吃掉。

大枣红了

"七月十五红枣圈"，这里说的是农历七月份，公历是 8 月末，树上的大枣渐渐由青变红，一串串地挂满枝头。大枣的品种很多，口感也有所差别。一般产自温差较大地区的大枣营养更高，更甘甜。

紫薇花开

紫薇花的花期很长，从 6 月到 9 月都能看到它的影子。花序呈圆锥状，顶生，花有红色、紫色、白色等。花朵很大，一簇簇地紧挨在一起，团成颗大花球。紫薇树干很高，寿命也长。紫薇不仅有较高的观赏价值，它还可以吸收有害气体，是城市绿化或盆栽的重要树种；它的根、叶、皮还可以入药，有清热解毒、活血止血之效。

放荷灯

农历七月十五日是中元节，民间俗称"鬼节"，与清明节一样，是祭祀祖先缅怀亲人的节日。白天，人们会带上水果礼品前去祭拜亲人或祖先；晚上，人们会在各水域放河灯。河灯也叫"荷花灯"，一般是在底座上点燃灯盏或蜡烛，放入河中，随水漂远，带去对逝去亲人的怀念。

作物成熟

"处暑满地黄，家家修廪仓"，指的是处暑后，农作物慢慢变黄，即将成熟，等待着收割。高粱、稻子、谷子、黍子和荞麦都已颗粒饱满；地瓜需要追肥，棉花需要整枝，萝卜、大白菜、葱等秋菜要定苗锄草，培土浇水。

处暑鸭

暑气消散，但天气还没有完成凉下来，所以要吃些清热、生津、养阴的食物。而鸭肉味甘性凉，做法也花样繁多。因此，民间有处暑吃鸭肉的习俗。北京至今还保留着这一习俗，通常处暑当日，北京人就会到店里去买处暑百合鸭。

白露

"中秋前后是白露，棉花开始大批收。"午后，趁着天气晴好，妞妞跟着奶奶去地里摘棉花。奶奶帮妞妞把一个小小的棉花包系在腰上，告诉她，一只手拽着棉花的枝条，一只手托着棉桃，细心地把棉壳里的棉花摘下来，放进包里。不一会儿，棉花包就满了。奶奶说，等棉花采完了，就可以送去加工，然后做成被子、衣服，又暖和又环保。

白露

白露，是二十四节气之中的第十五个节气。时间在公历每年9月7日至9日之间，太阳到达黄经165度时。"白露秋风夜，一夜凉一夜"，意思是进入白露节气，天气逐渐转凉，白天阳光温暖，傍晚后气温下降很快，两者温差可达十几摄氏度。夜间空气中的水汽遇冷凝结成细小的水滴，附着在花草树木上，经早晨的太阳光照射，更加晶莹剔透、洁白无瑕，所以称为"白露"。

太阳到达黄经165°

露水现

炎热的夏天已过，偏北风刮起，冷空气南下次数增多，势力也开始加强，温度下降速度加快。谚语说"过了白露节，夜寒日里热"，指白露过后昼夜温差很大。夜里，水汽在地面或近地物体上凝结成水珠，晶莹洁白；清晨，被风一吹，便落地融化，像下了一层蒙蒙细雨。

记下白露这一天的气温吧。

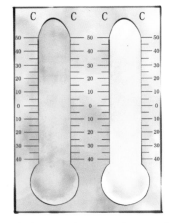

最高气温 ___℃　最低气温 ___℃

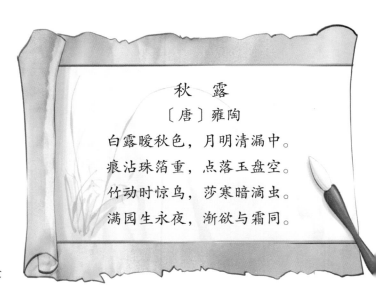

秋露
〔唐〕雍陶

白露暖秋色，月明清漏中。
痕沾珠箔重，点落玉盘空。
竹动时惊鸟，莎寒暗滴虫。
满园生永夜，渐欲与霜同。

桂花开

"中庭地白树栖鸦，冷露无声湿桂花。"白露的应节花木是桂花。桂花树一年四季常青，花期多在农历八九月，有黄白色、淡黄色等，花香浓郁，飘香甚远，令人神清气爽，所以桂花被称为八月花神。桂花不仅可以观赏，还可以做桂花酒、桂花茶和桂花糕、桂花粥等。

鸿雁南飞

"八月十五雁门开，雁儿头上带霜来。"白露时节，鸿雁和燕子等候鸟感知到气温的变化，逐渐踏上迁徙的旅程，去温暖的南方过冬。而像麻雀、乌鸦、喜鹊等耐寒的留鸟，不会南迁，在万物萧瑟的寒冬到来之前，它们开始贮存干果粮食以备过冬。

大枣熟了

枣树上的大枣熟了，红彤彤地挂满了枝头，一串串的红枣随风摆动，等待着人们去采摘。枣树高大，需要拿长长的竹竿把枣打下来。新鲜的大枣清甜脆口，维生素含量很高，有"VC（Vitamin C，维生素 C）之王"之称，因此民间有"一日食三枣，百岁不显老"的俗语。

吃　秋

"去暑找黍，白露割谷。"入秋后，北方人讲究吃秋鲜儿，也就是用新小麦磨成的白面，做成香甜的枣馒头、懒龙、花卷等，用新上市的玉米或玉米糁煮成粥，这些新鲜的五谷杂粮营养丰富，口感也好，还可以平衡膳食。

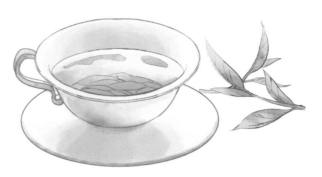

白露茶

茶树经过夏季的酷热，到了白露前后又进入生长的最佳时期。白露节气之前采摘的叫早秋茶，之后采摘的叫晚秋茶。春茶喝的是清香、爽口，白露茶喝的是浓郁、醇厚。所以民间有"春茶苦，夏茶涩，要喝茶，秋白露"的说法。

摘 棉 花

"白露棉花好长相，全株上下一起忙"，这句话充分说明了白露是个收获棉花的大忙时节。棉壳已吐出洁白的棉花，要及时采摘；采摘晚了，棉絮经风吹日晒，会影响棉花质量。采摘下来的棉花，经过加工，就可以用来织布，做成衣服、被子等。

秋分

秋天是个收获的季节，村里人忙着晾晒玉米、黄豆和花生，田间、庭院，到处是一片金黄的颜色。秋分时节，最重要的就是中秋节。这天晚上的月亮比其他几个月份的都要亮都要圆，所以人们有拜月、祭月的习俗。

晚上，忙了一天的家人都回来了，妞妞和爷爷奶奶、爸爸妈妈围坐在桌前，吃着月饼，一起赏月，感恩美好的生活。

秋分

秋分，是二十四节气之中的第十六个节气。时间在公历每年9月22日至24日之间，太阳到达黄经180度时。"分"是昼夜平分的意思，同春分一样，秋分这一天太阳直射地球赤道，南北半球季节相反，但白天和夜晚的时间一样长。过了这一天，阳光的直射点移向南半球，北半球昼短夜长，南半球则昼长而夜短。到了秋分，也就意味着秋天过去一半了。随着气温逐日下降，我们将走入深秋。

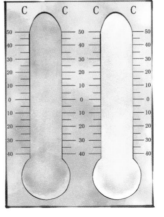

太阳到达黄经180°

彼岸花开

秋分前后三天叫"秋彼岸"，彼岸花就在这个时间开花，非常准时。彼岸花，学名叫石蒜，经常长在野外的石缝、河岸阴湿处。彼岸花先开花后长叶，经常是数朵长在一起，像个花团。花色艳丽，花瓣向后卷曲，雄蕊和花柱向外伸出很长，姿态婉婉。彼岸花很美，但它的地下球形鳞茎有毒，千万不要误食。

记下秋分这一天的气温吧。

最高气温＿℃　最低气温＿℃

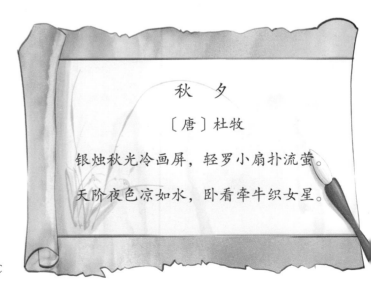

秋 夕

〔唐〕杜牧

银烛秋光冷画屏，轻罗小扇扑流萤。

天阶夜色凉如水，卧看牵牛织女星。

石榴熟了

石榴熟了，像春天开花时一样，红红火火地挂满了枝头。火红的外皮内包裹着晶莹剔透的果实，像玛瑙一样好看。石榴籽粒含有大量维生素，吃到嘴里清甜甘酸，很是清口。它也可以做成石榴汁、石榴酒。

秋　梨

"白露打枣，秋分卸梨。"秋分时节，梨应时而熟。梨的种类很多，雪梨、鸭梨、香梨等，每种梨的外形和口感都不相同。梨虽好吃，但性寒，不可多吃。除了鲜吃，梨还很适合榨汁或炖甜汤。秋梨膏也是一种传统的药膳饮品，在多风干燥的秋天，可以适当多喝。

摘 秋 菜

在岭南地区，有"秋分吃秋菜"的习俗。"秋菜"是一种野苋菜，当地人叫它"秋碧蒿"。秋分这天，人们来到田野中采摘嫩绿的秋菜，回来后，可以清炒，凉拌，或者做成大馅包子，也可以与鱼片一起做成汤。野苋菜含有多种营养成分，所以秋分吃秋菜也是希望身体健康。

中 秋 节

　　农历八月十五是中秋节，又叫女儿节或团圆节。八月十五的月亮比其他几个月份的满月更圆更亮，所以此夜远在他乡的游子仰望明月，寄托自己对故乡和亲人的思念之情。而在家的亲人则聚在一起，摆上新鲜的瓜果、月饼和桂花酒，一起赏月，庆贺美好的生活。

准备冬眠

　　"一场秋雨一场寒，十场秋雨好穿棉。"过了秋分，意味着大部分地区都正式进入秋季，夜越来越长，气温下降快速而明显。冬眠的动物开始忙着建造自己的住所，不需要冬眠的动物也趁着晴好天气寻找和储藏食物，以好安然过冬。

秋收秋种

　　"秋分无生田，不熟也得割。"秋分时节，大部分农作物已经成熟，而且此时随着太阳直射位置的南移，地面所获得的热量逐渐减少，气温也不断下降，因此必须抓住时机收割庄稼。若不及时收割，就会影响到接下来的秋耕、秋种。这时，农民要一边收玉米、摘棉花，为大蒜播种定植，为油菜做苗床，还要准备为种植冬小麦做准备。

寒露

　　重阳节这天，天气晴朗，阳光正好。妞妞和爸爸一起去爬山，站在山顶上，登高远眺，心情舒畅极了。整个村子就在眼前，道路纵横，田园交错，庄稼已收割归仓，人们在忙着耕地、翻地。

　　爸爸还带着妞妞去公园观赏了菊花。菊花不仅可以观赏，而且还能做成菊花酒、菊花茶。有的人还把它做成菊花枕，枕着睡觉，清香扑鼻，梦中都带有一股香气。

寒露，是二十四节气之中的第十七个节气。时间在公历每年10月8日或9日，太阳到达黄经195度时。寒露时节的气温比白露时更低，地面的露水更冷，露珠寒光四射，快要凝结成霜了。气候从凉爽到寒冷，随着寒气增长，万物逐渐萧落，这是热与冷交替的季节。

太阳到达黄经195°

秋冬已近

"寒露过三朝，过水要寻桥。"寒露到来，天气变凉，不能像之前那样赤脚蹚水过河或下田了。此时，南方地区都已进入秋季，昼暖夜凉，秋高气爽；而东北和西北地区即将进入冬季，像新疆等少数地方已见雪花飘飞。

记下寒露这一天的气温吧。

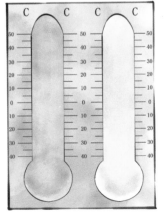

最高气温＿＿℃ 最低气温＿＿℃

池 上

〔唐〕白居易

袅袅凉风动，凄凄寒露零。
兰衰花始白，荷破叶犹青。
独立栖沙鹤，双飞照水萤。
若为寥落境，仍值酒初醒。

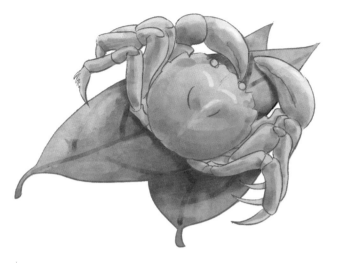

螃蟹肥

　　"秋风响，蟹脚肥；菊花开，闻蟹来。"寒露时节雌蟹卵满、黄膏丰腴，正是吃母蟹的最好季节。农历十月以后，公蟹才是最好吃的。自古以来，人们把吃蟹、饮酒、赏菊和赋诗，作为金秋的风流雅事。不过，螃蟹虽然美味可口、营养丰富，但也不能多吃，不然容易引起胃胀和腹痛。

菊花开

　　菊花喜凉爽、耐寒冷，一到深秋，便迎霜而开。菊花种类很多，颜色丰富，姿态各异，每一种都具有不一样的风姿。中国人自古喜爱菊花，从宋朝起民间就有一年一度的菊花盛会。菊花开在百花凋零之后，不与争芳，淡然高洁，所以诗人写下了许多赞颂菊花的诗词。比如元稹的"不是花中偏爱菊，此花开尽更无花。"郑思肖的"宁可枝头抱香死，何曾吹落北风中？"

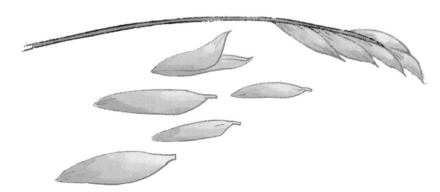

寒露风

　　秋季冷空气入侵后，引起显著降温，造成晚稻瘪粒、空壳减产，这种农业气象灾害多发生在寒露节气，所以叫作"寒露风"。因此，要根据气象预测，精选抗低温高产品种，并适时安排播种期，以避免或减轻危害。

翻　地

秋忙到了收尾阶段，要趁着土地没有冻结，抓紧时间翻地，否则等到天寒地冻，就无法翻地了。俗话说"寒露到立冬，翻地冻死虫"，利用寒露以后夜间温度低的特点，将埋于地下的越冬虫及虫卵翻到地表上冻死，减少来年庄稼的病虫害。

苹果熟了

入伏后，就逐渐有苹果上市，而富士苹果属于晚熟品种，要等到深秋才能成熟。富士苹果白里透红，又圆又

重阳节

农历九月初九，二九相重，称为"重九"，也就是重阳节。民间有在此日登高望远，遍插茱萸的风俗，所以又叫"登高节"。很多地方，还有吃重阳糕，赏菊花，放风筝，饮菊花酒等习俗。另外，"九九"谐音是"久久"，有长久之意，所以我国把这一天定为老人节，推行敬老活动。

大，比其他苹果更香甜清脆，保存时间更长。苹果含有丰富的维生素和矿物质，多吃可以增强记忆，所以有"智慧果""记忆果"的美称。

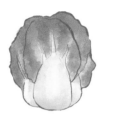

霜降

天气渐渐冷了，枫叶红了，荷叶残败。清早，草叶上结着一层薄薄的白霜，经阳光一照，便慢慢蒸发，变成水，重新回到了空气之中。大秋作物已经收割完毕，田野上一片萧瑟。不过，在寒冬来临之前，还要忙上一阵子。爷爷奶奶忙着收菜园里的白菜、土豆、萝卜，这些都是冬天重要的蔬菜。然后，趁着还没有上冻，抓紧翻地，为来年播种做准备。

霜降

霜降，是二十四节气之中的第十八个节气。时间在公历每年10月23日左右，太阳到达黄经210度时。霜降表示露水凝结成霜，指天气渐冷，初霜出现。这时，地面散热很快，夜里气温骤然下降到0摄氏度以下，空气中的水蒸气在地面或植物上凝结形成六角形的冰晶，这就是霜。霜降是秋季的最后一个节气，是秋季到冬季的过渡节气。

太阳到达黄经210°

叶落草枯

"霜降杀百草"，是指初霜一到，气温迅速下降，天气寒冷，叶落草枯，植物停止生长。有枫树、黄栌树的地方，漫山遍野都会变成红黄色，如火似锦，非常壮观，这也是登山赏秋的好时候。因此唐代诗人杜牧有诗句"停车坐爱枫林晚，霜叶红于二月花。"

记下霜降这一天的气温吧。

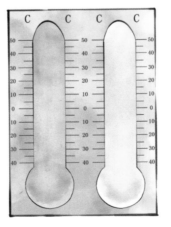

最高气温___℃ 最低气温___℃

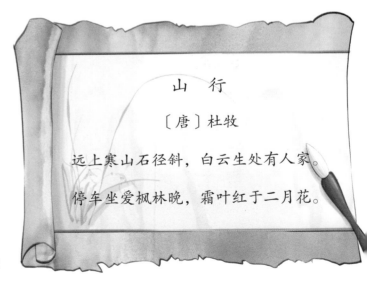

山 行

〔唐〕杜牧

远上寒山石径斜，白云生处有人家。

停车坐爱枫林晚，霜叶红于二月花。

芙蓉花开

北宋大文学家苏轼有诗句"千树扫作一番黄，只有芙蓉独自芳。唤作拒霜知未称，细思却是最宜霜。"木芙蓉盛开于霜降之时，所以又叫拒霜花。木芙蓉有白色、黄色和红色，花开成团，繁茂艳丽，傲霜绽放，在一派萧瑟的深秋景色中十分难得。

菊 花 霜

秋季出现的第一次霜称为初霜，而把春季出现的最后一次霜称为"晚霜"或"终霜"。从终霜到初霜的间隔时期，就是无霜期。初霜时节，正值菊花盛开，所以又叫菊花霜。初霜后，一天中温差变化很大，要注意调整作息时间，早睡早起，防寒保暖。

霜降三候

一候豺乃祭兽，

二候草木黄落，

三候蛰虫咸俯。

荷 叶 垂

霜降到了，天气将越来越冷，池塘里的荷叶已经枯黄，垂下了夏季里碧绿的叶片，只有茎秆还直立于寒风之中。清晨，枯叶上会出现一层薄薄的白霜，而枯萎的荷叶下是等待着采挖的莲藕。

"寒露无青稻，霜降一齐倒。"霜降节气来临，大秋作物已基本完成收割。但还是要忙上一阵：收大豆、白菜，挖红薯、土豆，种油菜、菠菜，拔去棉秸。

柿 子 红

"七月枣，八月梨，九月柿子来赶集。"这里的农历九月，其实是公历的 10 月份。霜降时节正是柿子成熟的时节。经过霜打后的柿子，颜色红黄，皮薄肉鲜、汁甜如蜜，营养价值高。柿子不仅可以生吃，还可以做成柿饼，柿子果酱。

连连看

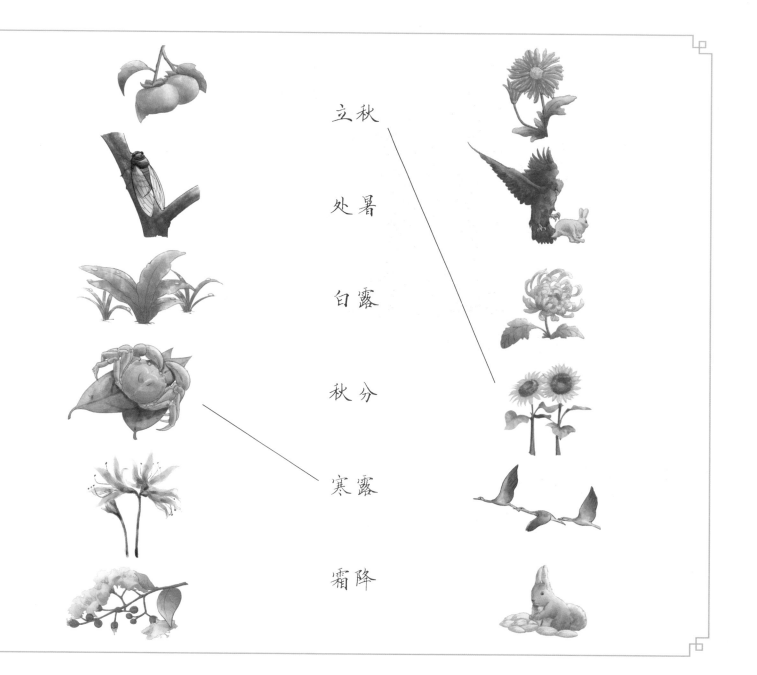

立秋

处暑

白露

秋分

寒露

霜降